AF467343

DES CAUSES PREMIÈRES DE LA VIE ANIMALE

DES

CAUSES PREMIÈRES

DE

LA VIE ANIMALE

MATÉRIELLEMENT DÉMONTRÉES

PAR

E. M. LEMOINE

PARIS

J.-B. BAILLIÈRE ET FILS

LIBRAIRES DE L'ACADÉMIE IMPÉRIALE DE MÉDECINE

RUE HAUTEFEUILLE, 19

LONDRES, HIPPOLYTE BAILLIÈRE
Regent-Street, 219

NEW-YORK, BAILLIÈRE BROTHERS
Broadway, 440

MADRID, BAILLY-BAILLIÈRE

PLAZA DEL PRINCIPE ALFONSO, 16

1863

PARIS

IMPRIMERIE DE L. TINTERLIN ET Cᵉ

Rue Neuve-des-Bons-Enfants, 3

A MONSIEUR PERAGALLO

CORRESPONDANT DE LA SOCIÉTÉ DES AUTEURS DRAMATIQUES.

En publiant cet extrait de mon *TRAITE D'OMNIGÉNIE*, permettez-moi de vous adresser aussi la dédicace, que j'y avais mise, à votre insu, en ne la joignant pas au texte, dont je vous ai fait le premier confident.

Heureux de pouvoir placer, en tête de mon ouvrage, le nom de l'ami qui, le premier, s'est si vivement intéressé à des découvertes, dont il m'a même facilité les moyens de poursuivre les recherches.

Ceci n'est pas, vous le savez, un hommage banal, mais bien un tribut sincère, et par vous mérité, de la profonde gratitude de l'auteur.

Votre bien ami dévoué,

E. M. LEMOINE.

Avant de nous permettre de causer avec notre honorable lecteur, nous désirons lui avoir été présenté par notre œuvre.

C'est pourquoi nous en transposons la préface à la fin.

DES CAUSES PREMIÈRES

DE

LA VIE ANIMALE

Nulla est ignoti curatio morbi.

TRADUCTION LIBRE.

« On ne peut s'expliquer le mystère de la vie, sans en connaître les causes. »

CHAPITRE PREMIER

Où il fallait chercher la source de notre existence.

En reconnaissant l'impuissance de sa propre volonté, sur les actes de ses organes internes, et en particulier, sur les mouvements de son cœur, il n'est homme intelligent, qui n'ait dit ou écrit, que le corps humain devait posséder deux sortes d'animation, distinctes et indépendantes l'une de l'autre, quoique solidaires entre elles, au point de vue commun, de notre vie interne et externe, ou active et passive.

Or, le cœur, cet organe sur lequel la tête ne peut rien, est tellement maître de celle-ci, qui se dit supérieure à lui, que s'il vient à cesser de battre, cette superbe cesse, en même temps, de fonctionner.

Ce qui l'a fait réputer, jusqu'ici, le seul moteur de notre animation; mais à tort, comme on le verra, en reconnaissant : que le cœur n'est même que le second organe moteur de notre vie, dont le principe n'est pas plus en lui, que dans l'encéphale, proprement dit.

Pour avancer un tel paradoxe, le lecteur doit comprendre, qu'il faut avoir la main pleine de preuves matérielles; aussi allons-nous l'ouvrir, en démontrant irréfutablement aux yeux de tous, que si l'homme possède une animation intellectuelle, distincte de l'animation purement dynamique du cœur, toutes deux ne proviennent que d'une seule et même source, dont un courant, seulement, est dérivé du cours principal, pour aller animer nos organes nutritifs.

Nous pourrions, sans doute, commencer par démontrer quelle est l'origine de cette double existence; mais, pour le sujet que nous traitons, nous croyons devoir faire connaître, en premier, l'organe de dérivation du cours principal, dont une partie s'échappe pour venir causer une suite d'impulsions intermittentes, au cœur, organe secondaire, et entièrement passif par lui-même, aussi bien que celui qui lui distribue sa force motrice (1).

Quant à ce dernier, nous dirons que personne n'a su le découvrir jusqu'ici, par la raison bien simple qu'on ne le soupçonnait même pas, et que chacun passait à côté de lui, avec un tel mépris pour son peu d'apparence, qu'à peine a-t-on daigné indiquer, sommairement, l'endroit obscur où il se tient, si humble ! que pas un curieux ne semble, même, avoir voulu y regarder de près.

Ce qui fait que, tandis que nous possédions des descriptions, minutieuses de tous les autres organes, après avoir aussi vainement compulsé les anciens que les modernes, français et étrangers, les Malacarne, Monro, Vicq-d'Azir, comme les Bichat, Gall et Cruveilhier, Valentin ou Kœlliker, il a fallu nous mettre nous-même à la recherche

(1) Nous ferons connaître, plus tard, les raisons qui font battre le cœur, longtemps encore après son extraction du corps, chez quelques vertébrés inférieurs.

de son nid, et en élaguer les broussailles, que tous les physiologistes y avaient jetées, en en visitant les alentours; car il n'était jamais question de lui, dans toutes ces suppositions, entassées sur les causes de notre existence, ce sphinx que philosophes et naturalistes prétendaient garder si bien son secret, qu'ils ont fini par le déclarer impénétrable.

Ils en auraient cependant, et depuis longtemps deviné l'énigme, embrouillée par l'homme seul, si, faisant, comme on dit, maison nette de toutes ces hypothèses, sans base rationnelle, ils s'étaient mis à la recherche de la vérité, en ne prenant pour guide que la nature elle-même.

En effet, quel a été, jusqu'ici, le point de départ de tous les chercheurs de nos causes premières vitales? Nos organes, à leur état de perfection, où leur complication inextricable rend toute recherche impossible.

Nous nous fussions donc égaré, comme tous nos devanciers, sans cette réflexion : que le principe de notre animation devant exister, nécessairement, dans les organes où elle se témoigne primitivement, il fallait ne chercher que dans ceux-ci, en laissant tous les autres de côté.

Ce point de départ est tout le secret de notre

présente découverte, cher lecteur ; et qui que vous soyez, pourvu qu'homme d'intelligence (ce que nous ne mettons pas en doute, puisque vous tenez ce livre), vous auriez tout découvert aussi bien que nous, en procédant de la manière que voici :

CHAPITRE II.

Des organes primitifs indispensables à l'action vitale.

Au lieu de nous perdre dans le dédale des organes compliqués de l'adulte, nous avons donc, au contraire, suivi le travail même de l'organisation embryonnaire, non-seulement chez l'homme, mais chez les espèces qui ne tiennent plus à lui que par ce seul point commun et primitif :

La colonne vertébrale et l'encéphale;

Et force nous a été de reconnaître que, chez tous les vertébrés, il y avait un moment précis, où la ressemblance de conformation était telle ! que, comme l'a avoué le savant Cruveilhier, il était impossible de bien distinguer l'embryon primitif de l'homme, de celui d'un lapin! Nous ajouterons, nous, même de celui d'un oiseau ou d'un poisson.

Notre savant trouvait cela humiliant pour l'image de Dieu; mais il est à croire que Dieu se sera moqué de l'orgueil futur de sa plus parfaite créature, puisque, après avoir comparé cette ressemblance primitive, il l'a laissée telle.

Nous, qui ne nous permettrions pas de dire autrement que le Créateur, nous nous contenterons de faire remarquer à notre petit orgueil froissé, que si, au lieu de partir d'un principe organique, commun à toutes ses œuvres, il lui avait fallu en inventer un particulier pour chaque espèce, le bon Dieu lui-même ne s'y serait jamais retrouvé.

Aussi ne créa-t-il qu'un seul principe, identique pour toutes! même pour les graines des végétaux; embryons que nous ferons voir, procédant des mêmes principes que le règne animal, et que tout ce qui a vie, enfin, dans la nature.

Vous comprenez maintenant, intelligent lecteur, que du moment où il nous fut démontré, que les premiers organes embryonnaires de tous les vertébrés, étaient les mêmes, à un instant donné, nous n'avions plus à chercher, dans ceux qui n'étaient que les auxiliaires successifs, et plus ou moins indispensables de cette animation, qui se témoignait telle quelle, avec ce strict nécessaire.

Mais sait-on avec quoi l'existence première se témoigne et se suffit provisoirement?

Nous ne posons sans doute pas cette question à M. Coste... et encore! peut-être serait-il fort embarrassé de nous le dire en ce moment, bien que nous le tenions, certes, pour véritablement homme de science.

Mais, voyons, Monsieur et cher professeur, si l'on vous demandait : quels sont les organes vitaux de l'embryon, au moment où l'unique vaisseau, qui lui sert de cœur, éprouve sa première et lente pulsation; n'est-il pas vrai que vous répondriez, de confiance, que cet organe apparaît et commence à battre, peu de temps après la formation primitive des rudiments de l'encéphale et de la moelle épinière, dont l'apparition est simultanée ?

Très-bien, Monsieur, et l'élève est satisfait de son professeur; mais nous devons pourtant vous déclarer, que vous ne ferez jamais battre un cœur, uniquement avec un cerveau et une moelle épinière, même arrivés à toute leur perfection.

Au besoin, il pourrait battre sans cerveau, mais non sans moelle épinière, ni jamais avec celle-ci seulement.

Alors, il existe donc encore un autre organe vital, plus primitif, plus indispensable que le cerveau, et autant que la moelle elle-même?

Lequel?... Ce ne peut être le cervelet, qui n'apparaît que longtemps après : quel est donc cet organe, celui de la vie même? car le battement du cœur, c'est la vie, et il ne saurait battre sans lui.

Eh! bien, notre savant professeur, renonceriez-vous, pour si peu? vous qui nous avez découvert tant de merveilles, inconnues de vos prédécesseurs!

Voyons, nous allons vous aider un peu.

Nous avons dit d'abord, qu'il n'existait encore d'apparents, que les rudiments de l'encéphale, de la moelle et du cœur; mais en cherchant bien, et avec une bonne loupe, nous allons découvrir un quatrième organe, non pas rudimentaire celui-là, mais (sauf ses complications) déjà presque conformé, en petit, comme il le sera en grand.

Et son invention seule est une telle merveille! que le jour où la nature souffla à l'oreille de l'intelligence humaine de l'imiter, son inventeur cria sa découverte par dessus les maisons; et eut certes raison, puisque les maisons l'entendirent si bien! que, depuis lors, il n'en est pas une, se respectant quelque peu, qui n'ait placé la contrefaçon de cet organe naturel à sa porte.

2.

Vous ne pensez pas que nous plaisantions, n'est-il pas vrai, cher Monsieur? car rien n'est plus sérieusement vrai; et d'ailleurs nous avons trop le respect de notre lecteur, pour nous permettre de l'abuser; mais puisque vous ne trouvez pas, nous lui dirons, pour vous, que cet organe, très-vital assurément, est celui dont nos anatomistes et physiologistes ont été si loin de soupçonner l'importance, que, pour la plupart, ils se contentent d'en désigner la conformation externe, en disant : qu'il est situé entre la moelle épinière, le mésophale et le cervelet, juste au-dessous de cet endroit où M. Flourens a fixé les points précis du nœud vital, sans que cela lui donnât la pensée, qu'il devait y avoir la vie, jaillissant de ce point où il trouvait la mort.

Il est bien évident, en effet, que s'il eût eu un œil au bout de son scalpel, M. Flourens eût vu, que ces deux points appartenaient à l'organe le plus indispensable à notre existence, dont il eût alors deviné tout le jeu.

— Comment? quel organe? Voudriez-vous parler de ces deux ou trois petites machines, qui sont dans le quatrième ventricule, et dont personne ne s'est même demandé quel pouvait être l'usage?

Précisément, Monsieur, c'est parce qu'on ne s'était pas encore posé cette question capitale, qu'elle n'était pas encore résolue, puisqu'elle le fut, du jour où nous reconnûmes que ce quatrième ventricule, qui ne manque à aucun vertébré, était en état de fonctionner dès la première pulsation du cœur.

Il ne s'agissait donc plus que de découvrir quels étaient les attributs spéciaux de chacun des petits organes qu'il contenait, et à force d'études et de recherches, nous pouvons, aujourd'hui, faire connaître la fonction de chacune de ces petites choses, que nous sommes même parvenu à reproduire artificiellement et matériellement, par conséquent, en en obtenant les mêmes résultats.

CHAPITRE III.

De l'organe de dérivation de la vie dynamique passive.

Ne nous en veuillez pas, lecteur, des petits détours de notre plume, qui se met à causer en chemin, au lieu de dire le fait en trois mots; mais d'abord, il en faudrait au moins quatre, autant qu'il y a d'organes ventriculaires; et puis, en outre, fussiez-vous un très-savant anatomiste, vous seriez forcé de convenir, que si vous connaissez la conformation externe de ces organes, vous n'en connaissez ni la structure, ni les rapports de communications, qui n'ont été décrits par personne ; de même aussi que, fussiez-vous un Bichat, un Cruveilhier, un Longet, un Blainville, même un Cuvier! ce que vous voudrez de plus savant enfin ! en anatomie ou en physiologie, nous oserions ajouter que vous ne comprenez, ni ne pourriez jamais comprendre, non plus, le jeu d'un gros organe, tout aussi important, faute de savoir, de même, la cause de sa structure primordiale.

Si nous l'avons trouvée, ce n'est pas, parce que savant, mais uniquement, parce que sa conformation, si minutieusement décrite, à l'état parfait, nous était un obstacle pour expliquer son jeu ; c'est du cœur qu'il s'agit, qu'on ne s'y trompe pas.

Il n'y a donc là, comme on le voit, nulle prétention à la science infuse, mais bien simplement, au contraire, la persistance d'un ignorant à découvrir ce qu'il ne sait pas. Ceci bien convenu, afin qu'on ne nous accuse pas d'une immodestie qui n'est pas notre lot ; vous concevrez, cher et honoré lecteur, et si savant que vous puissiez être, qu'il nous faut décrire tous ces organes, pour tout le monde, absolument comme si vous n'en aviez jamais entendu parler ; quitte à reconnaître ce que vous en savez déjà ! mais vous verrez que vous n'en savez pas tout, et surtout l'essentiel ! sans quoi, vous auriez deviné leurs usages et fonctions, bien avant nous.

Donc, pour grands et petits, élèves, professeurs et même simples curieux, auxquels nous supposons quelques notions d'anatomie, nous dirons d'abord ·

Que le quatrième ventricule est un organe tout spécial, situé dans ce qu'on nomme le bulbe, et intermédiaire à la moelle épinière, au mésocéphale, et au cervelet, qui, tous trois, ont leur part de substance dans sa propre composition.

En effet, ses côtés sont formés par les deux moitiés du bulbe, composées, comme on sait, des cordons nerveux, ascendants et descendants (c'est-à-dire sensitifs et moteurs), et du prolongement des substances de la moelle épinière.

Ensuite une partie de la matière médullaire grise, à laquelle son parrain n'a pu trouver que le nom de faisceau innominé, forme la paroi antérieure du ventricule, laquelle est terminée en manière de

V

c'est là, que se trouve dessiné, ce *calamus scriptorius*, où sont les deux points du nœud vital de M. Flourens, et dont le bec, qu'on soupçonne être un conduit de la moelle épinière, est le point de séparation ou de conjonction des cordons nerveux, qui vont s'entrecroiser aux pyramides.

Quant au plancher même du ventricule, qui s'étend du bulbe au cervelet, il est fait de deux lamelles fibreuses, dont l'une se continue avec le névrilême du bulbe, tandis que l'autre ferme le ventricule sur les côtés, lui servant d'enveloppe interne, et s'étendant, des corps restiformes, au lobe du pneumogastrique.

Nous ajouterons, que son intérieur, cavité rhomboïdale, remplie par le liquide arachnoïdien, est muni de deux orifices, dont l'un communique avec le troisième ventricule.

C'est dans cet intérieur, que l'on trouve trois petites éminences, et la valvule de Vieussens.

Deux de ces éminences, celles qu'on nomme lobules-tonsillaires, sont attenantes aux côtés du ventricule, laissant, entre elles, un espace occupé par le liquide arachnoïdien, dont elles se trouvent isolées par la membrane fibreuse, ci-dessus décrite.

Tel est le résumé de ce qu'on trouve, par ci, par là, dans des auteurs, qui ont attaché fort peu d'importance à la description minutieuse d'un si pauvre organe; et pourtant, nous sommes loin d'en avoir décrit toutes les richesses, incalculables au point de vue de notre existence; et nous avons, surtout, à en détailler le plus essentiel.

Nous voulons parler de la troisième éminence, à laquelle on n'a même pas donné, jusqu'ici, un nom, positif du moins, sinon convenable.

Car chacun de ceux qui ont bien voulu en parler,

l'a désignée à sa manière, comme on l'a fait aussi, du reste, pour tant d'autres organes cérébraux qui semblent, en vérité, avoir pris naissance en Espagne, tant ils possèdent de noms de baptême, dont pas un, naturellement, n'exprime leurs fonctions, inconnues encore, il est vrai.

Cette profusion de noms, ne sert qu'à jeter la confusion dans l'esprit, là où tout devrait, au contraire, être net et concisément dénommé.

Ainsi, pour ne parler que de l'organe dont il s'agit, tandis que Cruveilhier le nomme éminence médiane, bien qu'il n'y ait d'éminence réelle que dans ses fonctions, qu'il ignorait; Valentin le nomme la languette, Burdach, le verrou, etc., tous noms, n'exprimant nullement son usage, si bien! que les plus sages sont ceux qui ne le nomment pas du tout.

Or, étant le premier qui ayons découvert quelle était sa véritable destination, nous demanderons à tous, la permission de lui servir de parrain définitif, en le désignant sous le nom de *palette*.

Voilà donc baptisée celle qui sonne le premier et le dernier coup de notre vie.

Mais n'anticipons pas, et disons que notre pauvre filleule, maltraitée par la nature elle-même, se trouve, seule au monde, et isolée de tous, au milieu du liquide ventriculaire, où elle baigne éternellement, suspendue, comme le grelot de la vie, par deux petits pédicules blancs.

Soyez attentif, Monsieur Flourens, voici sur l'horizon, deux points blancs qui vous regardent.

Ces deux petits pédicules, donc, sont ses seuls points d'attache au vermis inférieur du cervelet, dont elle n'est évidemment que le prolongement. Ce genre de suspension lui permet d'osciller librement, dans l'intérieur du ventricule, ce qui a été observé seulement par Cruveilhier; mais ce qui ne l'a encore été par personne, c'est sa conformation interne, que nous demandons la permission de décrire, en notre qualité de parrain.

Nous dirons donc, que cette palette est un organe double à l'intérieur; c'est à dire, que chacune de ses moitiés est parcourue par des fibrilles nerveuses, qui ne communiquent, ni entre elles, ni avec celles de l'autre côté, s'en trouvant même isolées par une substance inorganique, qui nous a paru d'un gris pâle chez certains sujets, et d'un blanc jaunâtre chez d'autres; quoi qu'il en soit de sa couleur, les fibrilles en questions s'épanouissent, de chaque côté, aux extrémités libres de la palette, qui regardent les deux lobules tonsillaires, tandis que vers l'autre extrémité, une partie se réunit pour composer chaque pédicule blanc.

Nous comprenons l'émotion de M. Flourens chaque fois qu'il s'agira de ces deux malheureux points blancs ; car, en les suivant, il aurait reconnu, comme nous, qu'ils ne sont, eux-mêmes, que la réunion ou la continuation de la matière composant ce lacis, qu'on nomme les vermis inférieurs et supérieurs du cervelet.

Ici, nous n'avons la prétention d'apprendre à personne que ce premier vermis est fourni par la branche inférieure de l'arbre de vie, provenant du lobe médian du cervelet, qu'il entoure en partie, en se continuant avec l'autre vermis, fourni par la branche supérieure du même arbre de vie, dont le tronc part du noyau de ce lobe médian. De même, que chacun sait aussi, que ces deux vermis se trouvent en contact médiat (c'est-à-dire isolés par un double repli de la pie-mère) avec ce quatrième organe, dont un côté fait partie de notre ventricule. On a nommé cet organe, valvule, on ne saura jamais pourquoi, attendu qu'il n'a ni la forme, ni l'emploi d'une valvule ; mais nous conserverons son nom, de valvule de Vieussens, à cet appareil, dont l'usage a assez d'importance pour rapporter ici sa description, qui, à peu de chose près, est parfaitement exacte chez tous les auteurs.

Nous n'aurons donc qu'à répéter, que cette valvule, espèce de lame demi-transparente, se trouve placée entre les deux pédoncules cérébelleux supérieurs, qui lui servent d'encadrement et de soutien, et avec lesquels son extrémité supérieure étroite se continue, pour aller gagner ensemble, les tubercules quadrijumeaux. C'est de la ligne de séparation de ceux-ci, que part un cordon de substance grise assez dense, qui vient tomber, perpendiculairement, sur le milieu de la lame, où il forme un petit mamelon.

Mais il est, surtout, essentiel de faire remarquer, que cette lame, concave d'un côté et convexe de l'autre, est séparée en deux, par une ligne de démarcation longitudinale ; tandis que ses deux tiers, à peu près, sont recouverts par une couche de matière grise, striée de blanc en travers, absolument comme une lamelle du cervelet, dont elle n'est évidemment qu'un prolongement externe, puisque son autre extrémité, large, va se confondre ou s'épanouir dans le noyau même du lobe médian. Cela seul, comme le contact des deux vermis, devait nous la désigner comme un organe d'une importance toute particulière.

Mais, pour le moment, c'est là tout ce que nous

avons à en dire ; et pour en terminer avec toutes les communications des organes du quatrième ventricule, nous reviendrons à notre filleule, qui, après tout, n'est pas venue au monde dans un état de nudité complète, puisque la nature l'a couverte de deux replis larges doublés d'une lamelle médullaire mince ; vêtement précieux, ainsi qu'on va le voir, car deux de ses pointes, saillissant de l'orifice inférieur du ventricule, divergent en s'élevant, pour contourner le haut de la palette, puis la quittent, en sortant derrière les corps restiformes, où ils vont s'élargir pour se continuer avec la racine du lobule du pneumo-gastrique.

On a donné à ces deux espèces de membranes, le nom de plexus choroïdiens, et on a eu raison, puisqu'ils sont les père et mère nourriciers de notre filleule ; mais ce qu'on n'a pas noté, faute de l'avoir remarqué soi-même, c'est que les fibrilles nerveuses de la lamelle médullaire qui les accompagne, pénètrent de chaque côté de la palette, où elles vont aussi s'épanouir à son extrémité libre. Or, en suivant ces fibrilles, on les voit passer derrière les pédoncules postérieurs du cervelet, et se joindre à deux racines appartenant au pneumo-gastrique. Nous croyons même qu'il y a encore d'autres communications, dont nous n'avons pu bien nous assurer. Quoi qu'il en soit, ces fibrilles accompagnent le pneumo-gastrique, en se rendant directement à la base du cœur, avec les autres nerfs cardiaques, plus ou moins anastomosés aux branches et ganglions du grand sympathique.

Voici donc cette palette du quatrième ventricule communiquant, d'une part, avec le cœur, et, d'autre part, avec les vermis du cervelet et la valvule.

Voyons maintenant, à en démontrer aussi une autre communication, non moins importante, et qui n'a pas encore été plus étudiée que celle-ci. Pour cela, il nous faut revenir à notre point de départ, c'est-à-dire à la situation même de l'organe, entre les deux moitiés divisées du bulbe dont il fait partie.

Ici, tout le monde est d'accord, pour reconnaître que le bulbe n'est qu'un prolongement de la moelle épinière, ou pour mieux dire, le lieu de passage de ses faisceaux nerveux et de ses deux substances, grise et blanche, qui ont l'air d'y être mélangées, avant de former ce faisceau appelé l'innominé.

Sans vouloir, prématurément, démontrer les fonctions réelles de la moelle, nous ne pouvons cependant nous empêcher d'y faire remarquer deux ordres d'organes, entre lesquels il y a eu, jusqu'ici, une confusion, qui ne provient que de l'ignorance même où l'on était des fonctions toutes spéciales de la moelle, proprement dite, c'est-à-dire de ses substances grise et blanche; fonctions entièrement distinctes, et indépendantes de tous les nerfs qui la traversent, pour en émerger en se rendant à leur destination, et s'y replonger à leur retour, en revenant à leur point de contact commun (qu'on trouve spécifié dans notre OMNIGÉNIE). Il est donc essentiel de ne pas faire confusion entre ce système nerveux, organe de la vie active, et la moelle même, organe dont les fonctions, encore inconnues, vont être bientôt matériellement démontrées.

Mais ce que nous devons dire, dès à présent, c'est qu'il en est des cordons de la moelle comme des cordons nerveux antérieurs et postérieurs, lesquels, ont, comme on sait, chacun une puissance inverse, les uns transmettant les impressions, les autres la volonté.

Prenant donc, pour le besoin de notre sujet, la moelle à son état primitif, où le système nerveux n'existe pas encore, nous verrons que chez l'embryon, elle est composée de deux cordons creux, ne se rendant pas au cerveau, dont le rudiment est à peine visible à ce moment, mais s'arrêtant au quatrième ventricule, à chacun des deux lobules tonsillaires, qui n'en sont, à bien dire qu'un épanouissement, terminal à cette époque, et avant même le premier battement du cœur (1).

Plus tard, les deux cordons médullaires se compliqueront de divisions et d'additions successives, et se prolongeront vers le cerveau, à mesure de son organisation ; mais ceci est en dehors de notre sujet présent, et son point capital, est, d'une part, la moelle aboutissant aux deux organes du quatrième ventricule, dont nous venons de parler, et, d'autre part, sa palette, communiquant, d'un côté avec le cœur, et de l'autre avec la valvule de Vieussens.

Les complications de tout l'organisme céphalo-rachidien, sont telles à l'état adulte, que, faute d'avoir connu la marche de la nature, et de l'avoir suivie, les descriptions, pourtant si exactes de nos anatomistes, composent du tout, un dédale inextricable, et qu'il est d'autant plus impossible de suivre à l'intelligence, qu'à chaque instant, ne sachant ni la fonction, ni le point de départ réel d'un organe, on le

(1) Le quatrième ventricule, n'est même que le point central de repliement de la ligne médullaire primitive. (Voir notre traité d'*OMNIGÉNIE.*)

fait sortir d'un autre, qui se trouve, au contraire, être son aboutissant.

Grâce à notre fil d'Ariane, qui nous a permis de partir d'un point pour y revenir, après avoir lucidement suivi tous les détours et bifurcations de l'organe, on verra, dans le chapitre de l'encéphale, de notre traité d'OMNIGÉNIE, que nous sommes parvenu à faire régner l'ordre le plus précis, dans ce qui n'était jusqu'ici que la description exacte du chaos le moins compréhensible à l'état adulte; tandis que tout s'éclaicit, en suivant, pas à pas, la marche du travail embryonnaire dans ses complications successives, jusqu'à la perfection de l'organe encéphalique.

On doit comprendre, du reste, que si toutes ces relations et organisations spéciales, avaient été bien connues et détaillées, comme le sont quelques-unes de leurs parties, nous nous serions dispensé de cette minutieuse description, en disant tout simplement :

Le quatrième ventricule contient deux organes latéraux, isolés l'un de l'autre, et communiquant chacun, avec un des cordons de la moelle épinière.

Plus un autre organe, oscillant dans son liquide, où il est suspendu par deux pédicules, qui le font communiquer avec les deux vermis du cervelet, et ceux-ci, sont en contact médiat avec chacune des faces de la valvule de Vieussens ; tandis que, d'un autre côté, les fibres nerveuses médullaires des deux plexus choroïdiens, mettent l'organe de suspension en rapport direct avec le cœur.

Or, il résulte de ceci, que la moelle épinière est en rapport direct avec ce dernier, lorsque l'organe oscillant vient à s'appliquer sur les deux lobules tonsillaires ; et alors, l'intelligence du lecteur eût, depuis longtemps, saisi ce qui se passait, en s'écriant : je m'explique, à présent, tout le mouvement du cœur.

Eh bien ! pas du tout, cher lecteur ; car, tout en ne mettant nullement en doute votre extrême intelligence, votre rare savoir même, si vous le voulez, nous pourrions, avec tout cela, vous mettre au défi, dans l'état actuel, et avec tout ce que vous pouvez savoir de l'organisation connue du cœur, de vous expliquer : comment une seule et même impulsion, peut lui faire produire les deux effets, contraires et consécutifs, de systole et de diastole ?

CHAPITRE IV.

De la structure primitive et inconnue du cœur. — Cause de ses mouvements.

C'est grande honte à nous, sans doute, de poser ainsi résolument, l'inconnu d'un organe aussi étudié que le cœur, et nous en demandons vraiment pardon à tous ces hommes de génie, de patience et d'étude, dont les travaux consciencieux, et l'exactitude scrupuleuse, ont porté si haut, en France, la science anatomique ; travaux sans lesquels, nous le redisons ailleurs, avec reconnaissance, notre tâche nous eût été rendue impossible.

Mais tous ces travaux, Messieurs, sont comme les chefs-d'œuvre de la statuaire... C'est beau ! c'est admirable ! mais... ça ne parle pas ! et puisque nous en sommes au cœur, dont il existe, de chacun de nos maîtres, des descriptions où l'on peut compter jusqu'à ses ramuscules nerveuses, fibrilleuses ou vasculaires... Eh! bien? nous le répétons : convaincu que nous étions, de ce qui se passait entre la moelle épinière, le quatrième ventricule, et lui... ce cœur, cet organe dont l'anatomie est si intimement connue, a été pour nous, ou du moins, pour nos démonstrations, un obstacle insurmontable, jusqu'au jour, où, reprenant par nous-même son étude, que nous aussi, nous pensions si parfaitement connaître, nous avons fini par découvrir que, depuis longtemps déjà, on saurait toutes les causes de ses mouvements, si on avait connu les *causes mêmes de sa structure organique.*

C'était là, Messieurs, cette parole qui manquait au chef-d'œuvre de l'anatomie ; et que notre persévérance, infatigable comme celle du chercheur d'or, a fini par lui arracher. En serons-nous plus riche ? nous ne savons ; mais qu'importe ! l'argent ne fut jamais notre mobile. Aussi ne saurions-nous rendre la joie que nous ressentîmes, le jour où nous nous écriâmes :

Tout provient des causes qui ont concouru à la formation primitive du cœur! et c'était vrai, cher lecteur, comme vous l'allez voir.

En effet, tous nos anatomistes sont d'accord, pour reconnaître que les fibres partant de sa base, à droite et à gauche, se dirigent obliquement vers sa pointe, en s'y contournant en demi-sphère, puis s'y enfoncent et embrassent les fibres propres du ventricule, en remontant intérieurement.

Voilà bien ce qui apparaît à tous, n'est-il pas vrai?

Eh bien! Messieurs, pardon encore; mais enfin, cela est vrai et cela est faux, c'est-à-dire que ce n'est là qu'une vérité apparente, puisque la vérité vraie, est que les fibres ne partent pas de la base, mais bien de la pointe; c'est là ce qui a fait faire fausse route à tous ceux qui ont voulu s'expliquer le jeu de son double et simple mécanisme, en partant de ce principe de son organisation, qui est juste le contre-pied de celui de la nature, et... mille pardons, M. Coste, croyez que nous n'avons pas oublié, que le cœur est, primitivement, un vaisseau simple, devenant double en se repliant sur lui-même; nous vous avons étudié, Monsieur; mais, comme vous, nous avons aussi étudié sous ce grand professeur, la nature! en travail d'organisation.

Or, vous nous dites parfaitement, Monsieur, que ce vaisseau, d'abord simple, se replie sur lui-même; mais, *pourquoi?* et surtout, *comment* se replie-t-il? C'était là ce qu'il fallait nous expliquer, puisque c'est de là que dépend toute l'action de son mécanisme, que vous croyez double, quand il n'est que simple, dans sa duplication. Ceci semble peut-être encore un paradoxe? Mais comme nous n'en avançons pas un, que nous ne puissions démontrer matériellement, ce qui est une démonstration sans réplique, voici ce qui se passe en réalité :

Ce vaisseau, d'abord unique, ne se replie pas tout simplement sur lui-même, pour former une anse en se redressant; mais, par une loi que nous ferons connaître, et dont notre organisation nous offre mille applications (entre lesquelles nous choisirons celle, plus frappante, des pyramides), ce vaisseau simple du cœur, muni de son conducteur nerveux fondamental, se croise sur lui-même en se repliant d'abord, et ensuite (conséquence d'une autre loi que nous ferons connaître de même en expliquant ses mouvements), au lieu de former deux anses droites, croisées, chaque partie de ce vaisseau est obligée, par cette loi même, de se contourner en double spirale, plus rapprochée au point même de croisement, qui devient celui de jonction des cloisons auri-ventriculaires. Mais, tout en s'organisant successivement, jusqu'à l'état complet où nous le voyons, il n'y a nulle soudure entre les conducteurs nerveux primitifs recourbés, qui restent toujours isolés l'un de l'autre, malgré les fibres musculaires, dont l'entrecroisement successif, finit par faire un tout, compact et résistant, mais élastique, de cette espèce de 8, en spirale double, croisée et contournée. Donc, les fibres ne pouvant que suivre ce patron donné, leur premier point d'appui et de départ, c'est à tort qu'on a pris pour celui-ci, la base du cœur, vers laquelle, au contraire, toutes ont tendu, en partant de sa pointe, et gagnant l'extrémité de chaque spirale, qu'il s'agissait d'unir, en les tenant toujours isolées; c'est pourquoi elles y ont formé une traverse, résistante et rigide.

Maintenant, veut-on se rendre un compte aussi exact que facile, de ce qui résulte de cette organisation seule?

Il suffit, pour cela, de prendre, comme nous l'avons fait, un simple fil de laiton non cuit, c'est-à-dire élastique, de le replier sur lui-même en double spirale, croisée et rapprochée vers son tiers supérieur, et d'en réunir les deux extrémités par une petite traverse rigide, en bois.

Alors, en exerçant une pression, même légère, sur la partie bombée supérieure, terminée par la traverse, cette pression se transmettra aussitôt, en sens inverse, à la partie inférieure, qui reviendra sur elle-même, la pression cessant sur l'autre.

Or, l'élasticité de celle-ci, la ramenant à sa position première, causera, au contraire, une pression à sa contre-partie, solidaire de tous ses mouvements en sens opposé.

Ceci n'est pas encore la même force, appliquée successivement aux deux parties, mais nous y arriverons tout à l'heure.

Commençons d'abord par compléter notre mécanisme en imitant la nature.

Pour cela, nous rendrons notre carcasse de laiton, solidaire d'une enveloppe de caoutchouc, ayant, dans son intérieur, une simple cloison de séparation à soupape, avec deux clapets aux orifices externes de ses deux cavités, représentant alors, une oreillette et un ventricule, et où aboutiront deux conduits, dont l'aspirant baignera dans un vase rempli d'eau. Il est vraiment inutile de dire, que la moindre pression, exercée sur une cavité seulement, fera aspirer par l'autre le liquide, qui repassera dans la première, pour en jaillir par saccades intermittentes, dépendant de chaque pression.

Telle est, Messieurs, la cause du mouvement péristaltique du cœur, sous une seule et même impulsion, cause si naïve, qu'en vérité, nous serions presque tenté de dire :

Ce n'était pas plus difficile que cela?

Cependant, ce n'est pas tout. Il y a encore à démontrer, comment la même force, qui commence par comprimer, en même temps, les deux oreillettes, va ensuite exercer sa pression, simultanément, sur les deux ventricules; mais ceci sera démontré, quand nous aurons fait connaître la puissance dynamique même, cause unique de tout le phénomène.

Ce qui ne nous embarrasse pas davantage, et nous a bien moins coûté d'études et de recherches; seulement, pour en parler, il nous faut remonter, nécessairement, à son organe producteur, qui se trouve à l'autre extrémité de communication de l'appareil ventriculaire.

C'est nommer la moelle épinière.

CHAPITRE V.

Organisation et fonctions spéciales de la moelle épinière.

La structure intime de la moelle a été si minutieusement décrite, par nos plus célèbres et consciencieux anatomistes, que nous nous dispenserions assurément de recopier leurs descriptions, si ce n'était précisément sur les effets, encore ignorés, de cette structure, que repose notre démonstration matérielle des causes de la vie dynamique, et en particulier, des mouvements du cœur.

Mais nous n'en rapporterons, que ce qui nous sera strictement indispensable, n'ayant à nous occuper, ici, que des fonctions de la moelle, proprement dite. Nous dirons donc que les anatomistes sont assez

4.

généralement d'accord pour reconnaître que la tige cylindrique de la moelle se divise en deux parties, réunies en une seule par une commissure de même nature, de substance grise et blanche, comme la moelle elle-même; et que chacune de ces deux moitiés est composée de trois cordons (1) : un postérieur, un antéro-latéral, et un troisième plus petit bordant le sillon médian-postérieur.

Celui-ci, qui fait suite aux faisceaux renflés en mamelons entourant le *calamus scriptorius*, est le même que l'on voit chez l'embryon, déjà blanc et très-développé, alors que les antê-latéraux sont encore à demi-transparents; et c'est lui qui, de chaque côté de la moelle, continue encore chez l'adulte la communication avec les deux lobules tonsillaires du quatrième ventricule, que nous avons fait voir établie dès le principe de la formation embryonnaire, où il serait impossible d'en définir la structure interne, encore à l'état par trop microscopique.

Mais comme cette structure est identiquement la même pour tous les cordons chez l'adulte, nous allons la donner, telle qu'elle a été reconnue par tous

(1) Nous savons qu'on croit en avoir découvert d'autres dernièrement ; mais nous n'avons pas à nous en occuper ici, attendu qu'on trouvera le détail de toutes les fonctions de la moelle et de sa conformation réelle, dans notre traité d'*OMNIGÉNIE*.

nos anatomistes, dont les légères divergences ne nous font nul obstacle.

Nous disons donc que, au moyen du jet d'eau, chaque cordon se décompose en nombreux segments verticaux, prismatiques triangulaires, et disposés autour de l'axe de chaque moitié de la moelle. La coupe de chaque segment est un triangle isocèle, dont la base répond à la circonférence de la moelle, et dont le sommet, très-aigu, répond au centre du cordon, et en regard du sommet du prisme opposé. Tous ces segments se trouvent séparés les uns des autres par un prolongement du névrilème, qui se glisse entre leurs faces latérales, tandis que la substance grise amorphe en entoure les sommets, prenant ainsi dans le centre, cette forme dentelée qui la fait distinguer de la substance blanche formant les prismes, qui sont composés de filaments très-ténus et alternativement fasciculés ou juxta-posés.

Nous ajouterons encore que chaque segment peut se trouver blessé ou même atrophié, sans que les fonctions de la moelle en soient altérées.

La structure de la substance blanche est donc identique à celle des nerfs, dont chaque filament suit toute la longuenr des cordons de la moelle, à partir de leurs points d'intersection jusqu'aux organes encéphaliques.

Nous dirons encore que la régularité cristalline de chaque rangée de prismes, indiquait d'elle-même les divers éléments minéraux dont on y a constaté la présence, et que cette organisation parfaitement symétrique, ne cesse que vers le niveau de l'entre-croisement des pyramides, mais que leurs substances, blanche et grise, se continuent jusque dans l'encéphale, de même que les cordons nerveux ; et nous n'aurons plus rien d'essentiel à ajouter quand nous aurons dit : que le tout est contenu dans une longue membrane, baignant dans le même liquide arachnoïdien qui remplit les cavités céphaliques, comme elle en entoure également toute la masse, d'où son nom de liquide céphalo-rachidien.

Mais il est indispensable que nous disions, que la composition de ce liquide, a été reconnue pour être de l'eau, acidulée par différents sels, tels que chlorures de sodium, potassium, etc... ce qui nous rappelle, que nous avons oublié de signaler la présence du phosphore dans la moelle, de même que dans les divers organes de l'encéphale.

Maintenant que nous avons décrit la structure de la moelle, pour ce qui a rapport à notre sujet, venons-en à dire ce qui résulte de cette organisation, unique dans tout le système animal.

Nous avons avoué, que ce qui nous avait d'abord

frappé dans cet organe, commun à tous les vertébrés, c'était cette communauté d'existence et d'apparition, avec le quatrième ventricule, qui, non plus, ne manque à aucun, de même que les premiers rudiments du cœur et de l'encéphale.

Mais ce qui nous a, surtout, émerveillé, en nous illuminant subitement l'esprit, c'est l'image de ces rangées de prismes, en couples isolés par une matière amorphe, et dont l'enveloppe membraneuse baigne dans un liquide acidulé.

Nous nous sommes alors demandé : comment il était possible, que, depuis longtemps déjà, personne n'eût reconnu ici une pile voltaïque, admirablement construite par la nature ?

Quant à nous, notre conviction en était telle, que nous nous mîmes sur-le-champ à l'imiter, en disposant deux suites d'éléments, de mêmes formes, isolés les uns des autres par du sable de rivière tamisé, et humecté par un liquide, acidulé avec les mêmes sels dont la présence était reconnue, dans le liquide arachnoïdien, et dans lequel baignaient les membranes poreuses où nous avions disposé le tout.

Est-il besoin de dire que nous en obtînmes un courant électrique? assez faible, à la vérité; mais qu'importe! le principe y était! et le fait devenu patent!

La moelle épinière n'est donc, en réalité, que la pile naturelle, productive du fluide nerveux, dont la force dynamique est cause de tous nos mouvements volontaires, de même que de ceux indépendants de notre volonté, dont le cœur et les poumons sont les deux appareils moteurs principaux, et le quatrième ventricule le distributeur.

Il ne nous reste donc plus qu'à démontrer, comment l'action de ce fluide parvient au cœur, et lui fait exécuter deux mouvements, contraires et consécutifs, par suite d'une seule et même impulsion.

CHAPITRE VI.

Démonstration matérielle et expérimentale, du jeu des organes dont les fonctions causent l'animation du cœur.

Eh bien! cher et honorable Monsieur Coste, reconnaissez-vous à présent l'identité complète de l'appareil du quatrième ventricule, avec celui que M. Neef, physicien allemand, croit avoir inventé? et pour lequel la nature aurait pu lui intenter un procès en contrefaçon; car nous n'inventons rien, Monsieur, dont nous ne puissions trouver chez elle le modèle primitif. Or, la construction de l'appareil ventriculaire, est tellement, point pour point, celle de notre sonnerie électrique, qu'en en décrivant le jeu, nous pourrions, dès à présent, donner à leurs pièces identiques, les mêmes noms, que nous désirerions vivement, voir adopter par la science, à la place de ces dénominations baroques, qui ne disent nullement la fonction de l'organe qu'elles désignent. Ainsi :

1° *La moelle épinière* est *la pile* productrice du *fluide nerveux*, *électricité animale*, dont un cours principal se rend d'abord dans l'encéphale (1).

2° Le cours dérivé a pour pôles aboutissants, les *deux lobules tonsillaires* représentant les *deux pôles*-bornes en cuivre, de notre sonnerie électrique;

3° Le *lobule médian*, que nous avons baptisé *la palette*, remplit, en effet, les fonctions de la *palette mobile* du marteau; car lorsqu'elle vient à toucher les lobules latéraux, elle ne fait que se mettre en communication avec les deux pôles du cours dérivé; et aussitôt ce contact, le courant est établi, d'une part, entre la *pile*, *moelle épinière*, et le cœur, par *des conducteurs*, *nerfs pneumo-gastriques*, dont la continuation des racines traverse la *palette*, comme nous l'avons fait voir ; et, d'autre part, un

(1) On trouvera dans notre OMNIGÉNIE quel est l'organe spécial, qui distribue ce cours principal dans tout l'organisme, par les nerfs moteurs, pour lui revenir par les sensitifs, et quel autre organe lui sert de réservoir général.

second courant, passant en même temps, par ses pédicules de suspension, va se répandre dans les mille circuits des deux vermis, aboutissant à chacun des côtés de la valvule, dont ils sont isolés cependant par le double repli de la pie-mère.

4° Les contours de ces *deux vermis*, jouant exactement le rôle des fils isolés qui entourent la *bobine d'induction*, dont la *valvule* représente le *fer doux*, celle-ci exerce une attraction semblable sur *sa palette*, le *lobe médian mobile*, laquelle est obligée de quitter ses *deux pôles*, *lobules tonsillaires*.

Dès lors, le contact étant interrompu, le courant d'induction l'est aussi, et la valvule perdant sa puissance d'attraction, la palette retombe sur ses deux pôles, d'où nouveau contact et nouvelle interruption.

Ici nous devons ajouter, que les oscillations de la palette, sont réglées isochronément, par le liquide ventriculaire, dans lequel elle baigne, et dont l'obstacle, toujours le même à déplacer, et ne variant qu'avec sa densité, donne, nécessairement, une vitesse régulière d'oscillations, en rapport avec la production, plus ou moins forte, du fluide dynamique vital.

C'est pourquoi, ces oscillations sont plus vives, dans toutes les actions de nos sens ou de notre corps, qui ont pour effet, d'activer la production fluidique, en raison de la dépense qu'elles en occasionnent; comme on le voit, dans la marche et la digestion, un travail mental ou corporel quelconque, de même que dans la colère, l'amour, etc.

Et lorsque ces efforts ont atteint ou outrepassé la consommation normale de son fluide, le corps se trouve dans un état de lassitude ou d'épuisement, relatif à cette dépense, qu'il lui faut réparer par le repos, pendant lequel, les oscillations ralenties, consomment peu de fluide, qui se trouve emmagasiné, comme nous le démontrerons.

On voit combien la conséquence, et l'enchaînement forcé de tous ces faits matériels, sont logiques.

Mais cette digression ne nous a nullenent fait oublier ce qui se passe au cœur, à chaque oscillation de la palette, avec laquelle ses mouvements sont isochrones, de même que les pulsations du liquide cérébral, provenant de la même origine, puisque toutes les cavités encéphaliques communiquent entre elles, et avec le liquide du quatrième ventricule, d'où part l'impulsion première.

Nous n'avons donc plus qu'à terminer notre démonstration, par celle de l'effet que produit chaque arrivée de ce courant intermittent, dérivé du courant normal.

Et d'abord, comme il n'est plus, désormais, permis à personne de mettre en doute, que notre fluide nerveux ne soit qu'une variété animale, du fluide électrique lui-même, dont on trouvera toutes les segmentations et métamorphoses, matériellement démontrées, dans notre traité d'OMNIGÉNIE, nous pouvons, à présent, expliquer au lecteur, pourquoi le cœur, en se formant, ne pouvait, forcément, prendre une autre structure que celle que nous lui avons fait voir.

Nous avons déjà dit, que cela provenait d'une loi que tout le monde connaît, du reste ; car il n'est personne ayant quelque notion d'électricité, qui ne sache que :

Deux courants s'attirent s'ils marchent dans le même sens, et se repoussent, marchant en sens contraire.

A celle-ci, nous ajouterons cette autre loi, par nous reconnue, de l'électricité animale, qui, comme l'a fort bien pressenti notre savant physiologiste, M. Longet, ne se comporte pas entièrement comme l'électricité galvanique, dont, en particulier, elle est bien loin d'avoir la vitesse.

De cette loi, que nous démontrerons ailleurs, il résulte que :

Lorsque deux fibres nerveuses naissantes, animées par deux fluides contraires, sont librement en pré-

sence, elles se croisent l'une sur l'autre (comme nous en avons cité un exemple dans le double entre-croisement des pyramides).

On verra que cette loi, fournit la raison organique de tous nos plexus et entre-croisements nerveux.

Nous supposons que nul lecteur ne nous reprochera d'entrer dans ces détails, jusqu'ici inconnus, et qui, d'ailleurs, sont le ventre de notre sujet même, puisqu'ils sont indispensables à faire comprendre, en même temps, les causes de la structure double, et du double mouvement péristaltique du cœur.

Or, si l'on veut bien se reporter au moment primitif, déjà noté, où le cœur, n'étant encore qu'un simple vaisseau, traversé par des filets nerveux, vient à se replier sur lui-même, nous dirons d'abord, que ce premier phénomène n'est encore que l'effet d'une autre loi de l'électricité, que nous avons nommée : *transpolation des fluides* (loi qu'on trouvera expliquée et démontrée dans notre traité d'OMNIGÉNIE, et d'où il résulte que :

Lorsque les deux fluides d'un courant, occupent une surface dont la matière est, à la fois, bonne et mauvaise conductrice, ils se repoussent, chacun à l'une de ses extrémités, quoique y restant indissolublement unis, dans son milieu.

Si le si savant M. Becquerel avait connu le principe de cette loi, il ne nous aurait pas répondu, si affirmativement, qu'il n'existait, d'après lui, que deux électricités et demie ; car il aurait vu que, même à son compte, il ne devrait alors en exister qu'une et demie, puisqu'il n'eût pu, assurément, compter comme telle, le magnétisme terrestre, en reconnaissant qu'il n'était nullement une électricité particulière ; mais, uniquement, un effet de la *transpōlation* des deux fluides de l'électricité primitive, dont nous lui démontrerons (à la grande surprise de son hilarité professorale) que découlent toutes les autres, dont l'idée seule l'a tant fait rire.

Tout le secret, jusqu'ici impénétrable, du barreau aimanté (1), est là, et il ne se comporte, comme il le fait, qu'à cause de sa rigidité ; car si sa matière était souple, on le verrait, de lui-même, se recourber en fer à cheval, ses deux extrémités, animées de deux fluides contraires, s'attirant sans se joindre, toutefois, par des raisons qui nous entraîneraient trop loin à les démontrer ici, et qui le sont du reste dans notre ouvrage, où nous ne pouvons que renvoyer le lecteur. Revenons donc aux causes de l'organisation du cœur, d'après les principes électriques que nous venons simplement de poser.

(1) De même de la bobine d'induction.

Or, le dernier, trouvant son application, dans la matière animale, est encore la même cause qui fait se replier sur elles-mêmes, les lignes, primitivement droites et simples, du cœur, de l'encéphale, et de la moelle épinière. Nous ne disons pas cela pour M. Becquerel, qui nous rirait sans doute encore au nez, puisqu'il nie toute autre électricité que ses deux et demie, dernier mot de sa science ; mais M. Coste comprend fort bien, lui, la portée de ce principe, dans l'organisation embryonnaire de toutes nos parties doubles.

Donc, d'après cette première loi, les deux extrémités du vaisseau primitif du cœur, étant, par la *transpolation*, animées de deux fluides contraires, bien que unis dans son milieu, qui est neutre, se replient sur ce milieu, tendant l'une vers l'autre, sans se rejoindre, et par la seconde et troisième loi, s'entrecroisent, en s'attirant et se repoussant, étant parcourus par deux courants convergeant vers ce point de croisement, mais en divergeant dès qu'ils l'ont dépassé.

Or, la matière du cœur qu'ils parcourent, étant souple, est obligée de s'organiser, en suivant les directions que lui impriment ces attractions et répulsions successives, continues ; et nous allons, maintenant, nous rendre un compte exact de tous ces effets, en suivant, simplement, la marche des intermittences de fluides contraires, qui arrivent simultanément au cœur ; chacun d'eux, d'abord en contact avec les deux extrémités rapprochées des doubles spirales, se repoussant, nécessairement, puisqu'ils divergent, pour suivre la courbe supérieure des cavités des oreillettes.

Mais dès que cette courbe converge vers le point de croisement, il y a attraction, les deux courants suivant le même sens, en se rapprochant. Or, comme ils ne se joignent pas, et ne font que se croiser, il y a, à partir de ce point de croisement, une nouvelle divergence, d'où une nouvelle répulsion, qui va se changer encore en attraction, dès que les deux courbes des cavités ventriculaires vont tendre à se rejoindre, vers la pointe du cœur, où nous n'avons plus, pour le moment, à suivre les deux fluides.

Les deux points principaux de rapprochement et d'éloignement, sont donc, de chaque côté du croisement qui sépare les oreillettes des ventricules ; d'où il résulte forcément, à chaque intermittence des fluides, une contraction et une dilatation simultanées de chaque double cavité, agissant en sens contraire l'une de l'autre, par leur solidarité commune. Mais ce double effet ne peut avoir lieu, qu'à la condition que le fluide ne fera que passer par intermittences, qui laissent ensuite l'organe sans animation; car si, au lieu d'être interrompu, le courant était continu, la conformation même de son parcours électrique, le mettrait en état d'équilibre, qui en suspendrait les fonctions.

On comprend alors, pourquoi : on a vu les battements du cœur s'arrêter, dès qu'on lui faisait parvenir un courant continu d'électricité ; et pourquoi, encore, il ne battait qu'au commencement et à la cessation du courant, puisque ses fonctions ne peuvent s'exercer que par un courant intermittent.

Ajouterons-nous que les personnes qui voudraient s'en convaincre, plus matériellement encore, n'ont qu'à construire un appareil trembleur, sur le modèle exact de celui du quatrième ventricule? Alors, en le faisant communiquer, de la même manière, avec notre modèle de cœur factice, celui-ci reproduira les mouvements du naturel, si l'on met les deux pôles du trembleur, en contact avec une pile, construite dans les mêmes conditions que celle de notre moelle épinière.

Nous ne pensons pas, qu'une démonstration de l'origine de notre fluide électrique vital, et de ses effets sur le cœur, puisse être appuyée de preuves plus matérielles.

Il serait même possible qu'on nous répondît : que

la question n'était pas difficile à résoudre, dès qu'on avait trouvé les fonctions de pile électrique, de la moelle, le jeu de la palette, et les rapports du quatrième ventricule, ainsi que la véritable structure organique du cœur.

Eh! mon Dieu, telle découverte que ce soit, ne sera jamais que l'œuf de Christophe Colomb, pour ceux qui, le lendemain, sauront comment le faire tenir sur sa pointe.

Nous ne pouvons cependant terminer sans dire à M. Flourens que les deux points de son nœud vital, ne sont que les deux pédicules de suspension de la palette mobile, et que, lorsqu'il vient à les trancher tous les deux, c'est absolument, comme s'il coupait le fil de suspension du balancier de sa pendule, dont la puissance dynamique du grand ressort, n'étant plus réglée par l'échappement, s'écoule subitement, en faisant parcourir en un instant, à ses deux aiguilles, tous les tours de cadran, qu'elles n'auraient exécutés qu'en quinze jours.

Ainsi en est-il, en pareil cas, de notre grand ressort, la réserve de notre fluide dynamique, qui, n'étant plus réglée par l'échappement de la palette, dépense, en un instant inappréciable, la provision de vingt-quatre heures de notre existence.

Ce qui vous prouve, Monsieur, qu'il ne faut décrocher le balancier de personne, pas même celui des lapins !

Et sur ce, cher lecteur, il ne nous reste plus qu'à vous prier de lire notre préface, qui vous dira pourquoi cette publication est empruntée à notre ouvrage? et pourquoi nous l'avons elle-même placée à la fin de cette petite œuvre ? contre tous les usages reçus en matière de préface.

PRÉFACE DONC.

Maintenant que l'auteur vous a été présenté par son œuvre, très-cher et honoré lecteur, il pense vous avoir inspiré assez de confiance, pour que vous prêtiez une oreille favorable aux petites confidences, quelque peu merveilleuses, qu'il peut avoir encore à vous faire, en causant familièrement avec vous, si vous voulez bien l'y autoriser? — Oui, n'est-ce pas? — Eh bien! causons.

Vous avez pu vous convaincre, d'abord, que nous sommes assez peu pédant de science (ne fût-ce qu'à notre manière toute bourgeoise d'en parler), ne trouvant pas nécessaire d'ajouter la sécheresse d'un style pédagogique, à des descriptions déjà bien assez arides par elles-mêmes. Nos savants paraissent ne pas comprendre, combien toutes les sciences gagneraient à se répandre, sous forme de bonne et intime causerie, au lieu d'être sèchement traitées, avec toute la froideur rigide des termes techniques, encore augmentée par celle du style professoral.

Mais puisque vous voulez bien nous autoriser à vous prendre pour confident, très-indiscret (nous y comptons bien), nous vous dirons d'abord, que ce que vous venez de lire, n'est qu'une bien minime partie, extraite de cet ouvrage, que nous avons déjà plusieurs fois cité, sous le titre de

TRAITÉ D'OMNIGÉNIE.

Dans cet ouvrage donc, tout ce qu'on est convenu d'appeler jusqu'ici, mystère impénétrable de la nature, se trouve non-seulement pénétré, mais démontré aussi facilement, aussi matériellement, que nous venons de vous mettre à même de connaître le principe moteur de notre vie dynamique, et les causes des doubles mouvements de notre cœur.

C'est vous dire que, les causes premières de tous les phénomènes terrestres, et même astronomiques, s'y trouvent démontrées, et, de plus, toutes rapportées, aux mille et mille variétés et combinaisons diverses, d'un principe, d'abord unique, qui est le FLUIDE ÉLECTRIQUE SOLAIRE.

Mon Dieu, oui, nous vous prouverons, aussi matériellement que possible, que tout nous vient, en ligne directe, de cet astre, adoré des Péruviens, peuple idiot, qu'on a su faire revenir péremptoirement de l'erreur dangereuse, qui lui faisait personnifier un seul Dieu, dans cette splendide image, sans laquelle, il ne saurait rien exister d'organisé, ni de vivant sur terre.

Bien que sans avoir été jamais démontré, on sait que ce point de départ d'organisation et de vivification terrestre, a déjà été soupçonné par quelques esprits éminents.

Faut-il vous dire, lecteur, qu'il est le sujet de la première démonstration matérielle et expérimentale, de notre OMNIGÉNIE? et, par conséquent, le principe de toutes les autres démonstrations, aussi matérielles, et la source unique et primitive de toutes les créations de notre globe, sous ses mille variétés et combinaisons, de fluides, *organides*, *dynamides* et *animides*, agents secondaires de ce grand et primordial agent.

Mais ici, précisément, nous tenons à aller au devant d'une objection, ou pour mieux dire, d'une supposition, que vous avez déjà faite, dans votre for intérieur, en lisant la démonstration ci-dessus.

Ne le niez pas, nous avons vu votre pensée l'exprimer, en disant : ceci est la plus grande preuve qu'on puisse donner du matérialisme.

Eh bien ! cher lecteur, vous vous êtes si complétement trompé, que notre ouvrage est la plus grande preuve contraire qu'il soit permis à l'homme de fournir.

Ainsi, pour aborder, comme on dit, la difficulté de front, l'âme est la grande pierre d'achoppement des deux doctrines opposées, n'est-il pas vrai ? Les spiritualistes soutenant son existence, niée par les matérialistes; et nous trouvons fort naturel, que vous vous soyez déjà dit : que, si nous sommes animés par un genre de fluide électrique quelconque, il est évident que cette prétendue âme n'a plus rien à faire chez nous.

Or, jusqu'ici, on n'a fait que battre de l'air, en se querellant sur la substantialité ou la non-substantialité de l'âme, que personne n'avait jamais ni vue ni connue, ce qui ne faisait que mieux se disputer à son sujet.

Mais d'abord, avant de parler âme, il serait bien de s'entendre sur le mot et sa valeur ; car nous déclarons ne pouvoir être d'accord que, si vous voulez bien reconnaître, comme âme, un principe immortel, que nous transmettons à nos enfants tel que nous l'avons reçu de nos parents, d'où il remonte, de génération en génération, à un premier principe, qui seul, nous le déclarons, nous reste encore inconnu, et que nous appellerons Dieu, *Theos*, ou autrement, si vous le voulez, car nous n'aimons pas à ergoter, surtout! sur les noms de ce que nous ne connaissons pas.

Mais, si cette définition de l'âme vous semble aussi logique qu'à nous, nous pouvons, dès lors, nous engager à vous démontrer son existence, *matériellement*, si impossible que vous semble l'expression ; car vous avez raisonné sur elle, en partant de ce principe d'animation, purement dynamique, que nous venons de vous démontrer ; mais il n'a nullement été question de la cause première de ce principe, pas plus que de ses métamorphoses et transformations, que nous vous démontrerons de même, car nous avons bien d'autres merveilles à vous faire connaître, cher lecteur; mais, pour le moment, nous tenions d'abord à rectifier la conclusion que votre esprit avait pu tirer, de notre démonstration, au sujet de l'âme, ce qui fait que nous affirmons, mais ceci, qu'on veuille bien le remarquer, uniquement parce que c'est la vérité : *que l'homme est animé par un principe, qu'on ne peut faire remonter qu'au principe primordial de toutes choses.*

Appelez celui-ci Dieu, et l'autre âme, et nous pensons que chacun aura le nom qui lui convient.

Deux excellentes choses ! dont l'homme est libre de faire le plus mauvais usage du monde, au lieu de les faire servir au bonheur de ses semblables, qui n'est, pourtant, que le sien propre, en définitif !

Car nous défions le caractère le plus biscornu, de ne pas être heureux lui-même, dans un centre où il aurait concouru au bonheur de tous ceux qui l'entourent, comme ceux-ci auraient participé au sien. Bonheur commun ! seul but final de la civilisation humaine ! Mais ceci est de la haute fantaisie philosophique, comme dirait l'illustre Bilboquet.

Pendant que nous sommes en train de vous faire nos petites confidences, comme à un ami inconnu, que vous êtes devenu pour nous, cher lecteur, nous devons aussi vous dire que, nous avons eu deux raisons, pour publier, isolément, cet extrait de notre ouvrage :

La première raison, c'est que le volume qui traite de l'homme, en particulier, n'étant pas le premier, nous avons pensé que la connaissance des causes de notre vie dynamique, pouvait être d'une haute importance pour l'humanité, en éclairant la science médicale, qui en ignore encore l'origine fluidique, bien que soupçonnée par tous les hommes de savoir et d'intelligence véritables, en tête desquels se trouve Cuvier, lui-même.

Nous devons en même temps prévenir les médecins qui cherchent à appliquer nos fluides électriques connus à la guérison de diverses maladies, que ceux-ci ne sont nullement identiques à nos fluides vitaux (ce que prouve assez la douleur que leur contact nous fait éprouver), et que parmi ces électricités, il en est une surtout! dont l'usage est on ne peut plus nuisible au corps humain; nous avons nommé l'électricité, dite statique ou de frottement.

Cette électricité, ayant pour effet de nous enlever une dose de fluide vital contraire, égale à la sienne, nous ne voyons, jusqu'ici, qu'un seul cas où elle pourrait, peut-être, être appliquée avec quelques chances de succès : ce serait celui d'une apoplexie causée par pléthore, ou surabondance de fluide dynamique, cas plus commun qu'on ne pense.

Quant aux courants de nos piles, si leur application a un effet moins subit, elle n'en est pas moins dangereuse pour notre organisme, où elle introduit des éléments fluidiques qui ne sont nullement les siens.

Pour pouvoir en tirer parti, il faudrait posséder

l'instrument de notre invention, que nous avons nommé, *le diviseur des fluides*, et dont une des branches, donne le fluide naturel, arrivé à son état de fluide animal ; état dans lequel, sans être notre fluide vital lui-même, il possède une vertu (que beaucoup traiteront encore d'incroyable jusqu'à sa démonstration expérimentale), vertu d'après laquelle, il sert de courant de communication, d'une personne à une autre, dans l'échange instantané, ou transmission d'une partie du fluide vital de l'une à l'autre ; ceci a lieu dans des conditions particulières, non somnambuliques, mais dans l'explication desquelles nous ne pouvons entrer en ce moment, détaillées qu'elles sont, du reste, dans notre OMNIGÉNIE ; car nous avons déjà fait, à ce sujet, des expériences, dont le succès a été bien extraordinaire, pour la guérison des maladies chroniques de l'estomac et de la vessie ; mais on comprend que nous ne les livrions à la publicité, qu'après des études plus complètes, que nous n'avons pu faire encore, et pour lesquelles nous comptons réclamer un jour, ouvertement, l'appui de nos célébrités de la science médicale.

Mais, d'ici là, et d'après les motifs rationnels assurément, que nous venons de donner, nous ne saurions engager à trop de prudence, les médecins qui se livrent, par avance, au traitement des maladies, par l'application des électricités actuellement connues.

La première raison que nous donnons pour la publication de cet extrait, est purement humaine et honorable, comme vous le voyez, lecteur.

Mais, hélas ! cette bonne action va être bien gâtée par notre seconde raison... et... O faiblesse de la chair !... Eh bien ! oui... puisqu'il nous faut avouer cette petite turpitude humaine... nous conviendrons donc nous être dit aussi : que si nous lancions, comme un enfant perdu, une œuvre qui a la prétention d'expliquer tout ce que nos plus savants ont déclaré inexplicable à tout jamais, le public pourrait fort bien lui faire un accueil, plus ou moins courtois ou indifférent, comme à tous ces fondateurs de systèmes, qui ne reposent, en réalité, que sur la base assez fantasque des conjectures humaines ; tandis qu'avant de faire paraître notre traité d'OMNIGÉNIE, si nous lui en mettions, dans les mains, une partie détachée, dans laquelle un de ces mystères, réputés impénétrables, se trouverait matériellement démontré, d'une manière simple et à la portée de tous (tout en n'excluant pas des connaissances scientifiques, qu'on ne saurait nier à son auteur), nous nous sommes dit alors, qu'après avoir lu cette démonstration des principes de notre vie dynamique passive, le lecteur ne pourrait, certes, refuser une confiance légitime à celui qui lui dirait encore : « Tous les phénomènes traités dans notre OMNIGÉ- « NIE, seront démontrés aussi lucidement et aussi « matériellement que celui-ci. » Ce à quoi, n'est-il pas vrai? vous répondrez naturellement : « Je m'en assurerai. » Nous retenons donc cette bonne parole, ami lecteur; et il ne nous reste plus qu'à vous dire : A bientôt et au revoir! quand vous lirez cette annonce, dans les journaux et partout :

TRAITÉ

D'OMNIGÉNIE

OU

DÉMONSTRATIONS EXPÉRIMENTALES

DES

CAUSES PREMIÈRES

DE TOUS LES

MYSTÈRES DE LA NATURE

PAR

Votre très-humble serviteur,

E. M. LEMOINE.

Porcheville, 5 octobre 1862.

TABLE DES MATIÈRES

—

www.ingramcontent.com/pod-product-compliance
Ingram Content Group UK Ltd.
Pitfield, Milton Keynes, MK11 3LW, UK
UKHW020324220726
13923UKWH00003B/1346

9 782329 076232